U1018503

220kV 智慧能源站运维技术

湖南省电机工程学会
国网湖南省电力有限公司株洲供电分公司 组编

中国电力出版社
CHINA ELECTRIC POWER PRESS

图书在版编目（CIP）数据

220kV智慧能源站运维技术 / 湖南省电机工程学会，国网湖南省电力有限公司株洲供电分公司组编. -- 北京 ： 中国电力出版社，2024. 12. -- ISBN 978-7-5198-9583-9

Ⅰ. TM63

中国国家版本馆CIP数据核字第20245BY108号

出版发行：中国电力出版社
地　　址：北京市东城区北京站西街19号（邮政编码100005）
网　　址：http：//www. cepp. sgcc. com. cn
责任编辑：王　南（010－63412876）
责任校对：黄　蓓　王海南
装帧设计：王红柳
责任印制：石　雷

印　　刷：北京雁林吉兆印刷有限公司
版　　次：2024年12月第一版
印　　次：2024年12月北京第一次印刷
开　　本：787毫米×1092毫米　32开本
印　　张：2.625
字　　数：51千字
定　　价：15.00元

版 权 专 有　　侵 权 必 究

本书如有印装质量问题，我社营销中心负责退换

220kV智慧能源站

运　维　技　术

编委会

主　任　廖丽萍

委　员　伍咏红　李爱元　范学海

编写组

主　编　廖丽萍

参　编　韩忠晖　夏　田　张　阳
李　毅　谌　彬　戴　璟
付鑫怡　武学彦　李雪莹
罗永阳　李爱元　黄飞扬
刘安定

前　言

随着国内首座 220kV 智慧能源站——成家 220kV 智慧能源站正式投产，为规范 220kV 智慧能源站运维管理，保证设备的安全运行，湖南省电机工程学会和国网湖南省电力有限公司株洲供电分公司共同编写了《220kV 智慧能源站运维技术》。

本书共设置六章，分别是智慧能源站概述、智慧能源站系统运行、智慧能源站一次设备运维、智慧能源站二次设备运维、智慧能源站防人身措施、智慧能源站消防系统。

本书可作为数据中心站、交直流微网、充电站、光伏站、5G 通信基站五合一智慧能源综合性变电站的运维参考，特别是书中科研储能消防系统等设备装置在全国属于首创，具有借鉴前景。

限于编写时间仓促，书中难免存在疏漏或不足之处，恳请读者批评指正。

编者

2024 年 12 月

目　录

前言

第一章　220kV 智慧能源站概述 ······ 1

第二章　220kV 智慧能源站系统运行 ······ 4

一、调度管辖范围划分 ······ 4

二、运行方式 ······ 4

第三章　220kV 智慧能源站一次设备运维 ······ 6

一、iPower 310 系列 1500V 储能变流器 ······ 6

二、PCS 科研储能升压一体仓（预装式变电站） ··· 19

第四章　220kV 智慧能源站二次设备运维 ······ 22

一、iPower-3000/EMS 大规模储能柔性能量管理系统 ······ 22

二、能量管理功能 ······ 27

三、iPower 510 虚拟构网协控装置 ······ 32

四、科研储能电站主控系统（BAMS） ······ 40

第五章　220kV 智慧能源站防人身措施 ······ 61

一、基本情况 ······ 61

二、防止有限空间内中毒窒息风险 ………………… 66

第六章　220kV 智慧能源站消防系统 ……………… 68

一、一般管理人员的操作 ………………………… 68
二、火警处理 ……………………………………… 72
三、气体喷洒启动/紧急停动处理 ………………… 73
四、故障与异常处理 ……………………………… 74

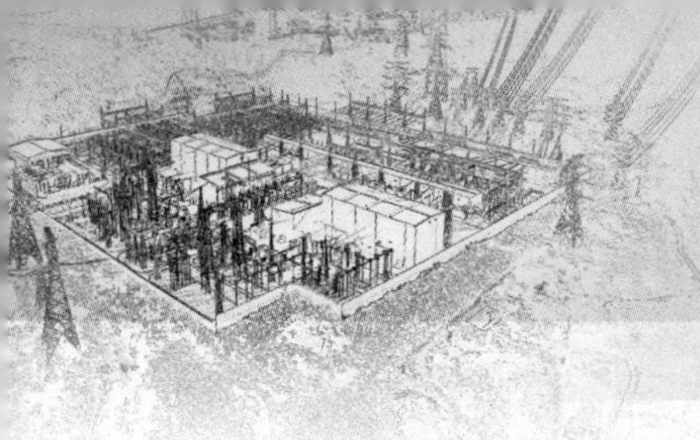

第一章

220kV 智慧能源站概述

随着湖南省内可再生能源规模化发展，电网峰谷差持续加大，重大节假日或特殊高温、寒冷天气电网调峰能力逼近极限，电力系统灵活性不足。此外，尖峰用电负荷快速增长，负荷利用小时数快速下降，需要大量的电源提供和输送资源，电源与电网的综合能效大幅下降。

为了向电网运行提供调峰、调频、备用、黑启动、需求响应等多种服务，同时提升电网瞬时、短时和时段三个平衡能力，实现源—网—荷—储的功率和能量双重调节，提高电网抵御事故能力、新能源消纳水平和系统综合能效水平。220kV 成家智慧能源站应运而生。

220kV 成家智慧能源站位于湖南省株洲市芦淞区白关镇，该智慧能源站在变电站基础上，融合建设数据中心站、交直流微网、充电站、光伏站、5G 通信基站等，构建“能源流、数据流、业务流”三流合一的一体化运营平台。是集“建设、设备、控制、信息、业务”五大融合为一体的综合能源枢纽，可为周边工业园区提供强大的电力保障。220kV 成家智慧能源站俯瞰图见图 1-1。

220kV 成家智慧能源站是国家电网有限公司落实国家“双碳”行动、践行央企担当，加快构建新型电力系统、推动能源清洁低碳转型的重大科技示范工程，也是国家电网有

图 1-1 220kV 成家智慧能源站俯瞰图

限公司创新开展资源节约、环境友好、“多站融合”建设的探索与实践。该工程坚持创新引领，以“一张网”覆盖站内全部交直流负荷，并通过能量管理系统，实现源网荷储一体化管控和协同运行；采用监控、辅控一体化平台系统，智能设备全面感知、开放互联、自动控制，全面实现一键顺控，智能机器人巡检。工程建成投产，将为株洲航空产业城和服饰产业园区提供高品质综合能源供应和电力保障，并显著缓解株洲河东城区电网迎峰度夏压力，提升株洲电网供电可靠性。

目前，220kV 成家智慧能源站变电部分主变压器规模为 240MVA，高峰负荷出现时期，220kV 主变压器下网负荷约 168MW（70%的负载率考虑）；低峰负荷出现时，220kV 主变压器下网负荷约 72MW（最小负荷率取 40%）。结合 220kV 成家智慧能源站内部布置情况，同时考虑经济投资合理性及方便后期运维方面考虑，当前规模为 6Mvar/3MW/3MWh，终期 30MW/63MWh。

为最大限度使用智慧能源站科研储能电池，延长电池寿命，减少火灾隐患。储能电池放电深度始终保持在 80%，电池剩余的 20%容量可满足交直流混联微网的备用电源需求，在非计划性孤岛等极端情况下，能稳定交直流母线电压，提供后备电源保障。220kV 成家智慧能源站接线示意图见图 1-2。

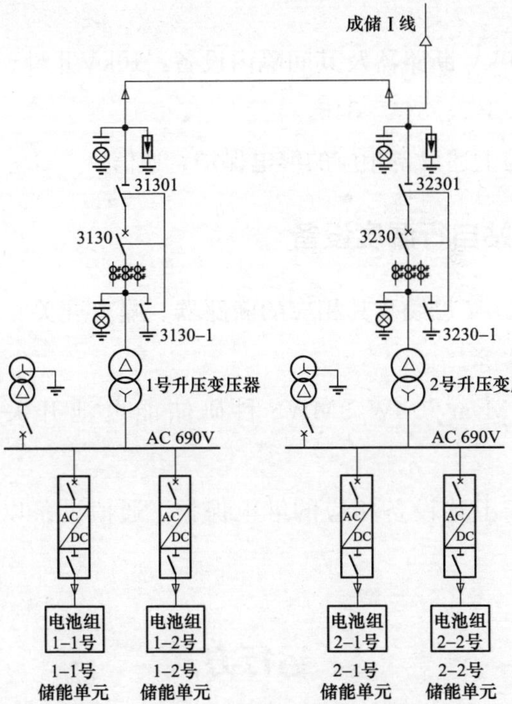

图 1-2　220kV 成家智慧能源站接线示意图

第二章

220kV 智慧能源站系统运行

一、调度管辖范围划分

1. 株洲地调调度设备

（1）10kV 断路器及其间隔内设备：10kVⅡ母、3×24、336、338、342、344、346。

（2）与上述设备相应的继电保护、通信。

2. 本站自行调度设备

（1）690V 母线及其相应的断路器、隔离开关、1、2 号升压变压器等。

（2）6Mvar/3MW/3MWh 科研储能电池开关、保护设备。

（3）与上述设备相应的继电保护、通信设备以及自动装置。

二、运行方式

220kV 智慧能源站系统运行方式见表 2-1。

表 2-1　　220kV 智慧能源站系统运行方式

母线	正常方式	状　态
10kVⅡ母	338 运行	31301、32301、3130、3230、1 号、2 号升压变压器运行

第二章

220kV 智慧能源站一次设备运维

一、iPower 310 系列 1500V 储能变流器

1. 基本情况

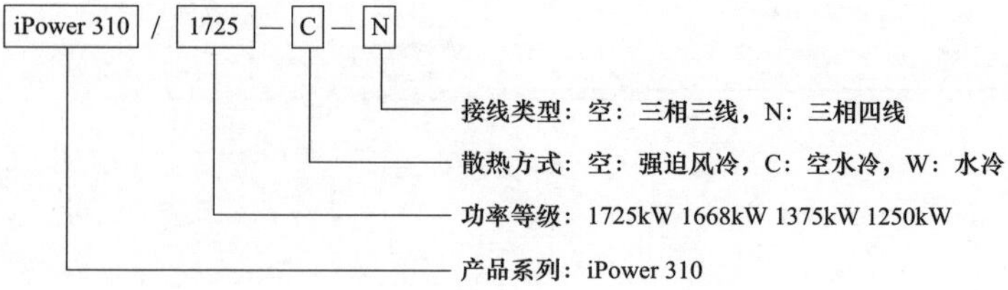

产品型号：　iPower 310/1725

［输入］

满载电压范围：1000～1500V DC

最大直流电压：1500V DC

最大直流电流：1898A

［输出］

额定功率：1725kW

额定输出电流：3PH 1444A

最大输出电流：3PH 1588A

额定输出电压：3PH 690V AC

S/N：01xxxxxxxxx

2. 储能变流系统

储能变流系统的主要功能是实现电网和蓄电池之间的电能转换，并对交换过程进行监控和管理。这一系统包括蓄电池、电池管理设备和能量管理设备，通常电站还配有隔离变压器和辅助供电设备。储能变流系统组成示意图见图 3-1。储能变流系统组成说明见表 3-1。

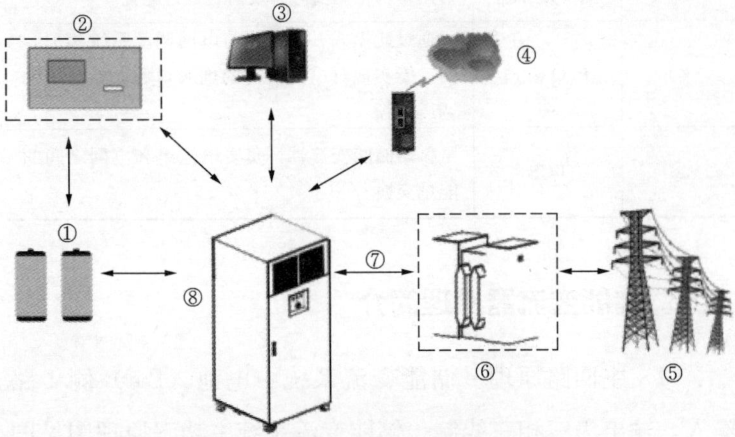

图 3-1　储能变流系统组成示意图

表 3-1　　　　储能变流系统组成说明

图 3-1 编号	名称	说　明
①	蓄电池	适用于各类型蓄电池
②	BMS	电池管理系统，负责电池组的管理、保护及监控

续表

图 3-1 编号	名称	说　明
③	EMS	能量管理系统，负责整个系统的能量调度和监控
④	4G 物联网模块	在云端进行监控与操作
⑤	电网	当 iPower 310 系列科研储能 PCS 产品工作在并网模式的情况下，交流侧必须连接电网，直流侧可以接蓄电池
⑥	隔离变压器	用户可根据实际系统需要自行配置
⑦	P/Q 模式	通过此模式并网，当与电网调度系统相配合时，能实现对电网负荷的削峰填谷，参与电网调压调频
⑧	PCS	科研储能变流器，负责电池组和电网之间的能量交换

3. 储能变流器原理简介

（1）主回路原理。储能变流系统中电池（Bat）侧 1 路输入，输出为三相三线制。储能变流系统主功率原理图见图 3-2。

（2）电站充放电约束说明。

电站送电后，为保证电池日常安全稳定运行特作如下约束说明：

1）最大充放电功率及约束：最大充放电功率 1.2MW（PCS 低压侧全站值）。

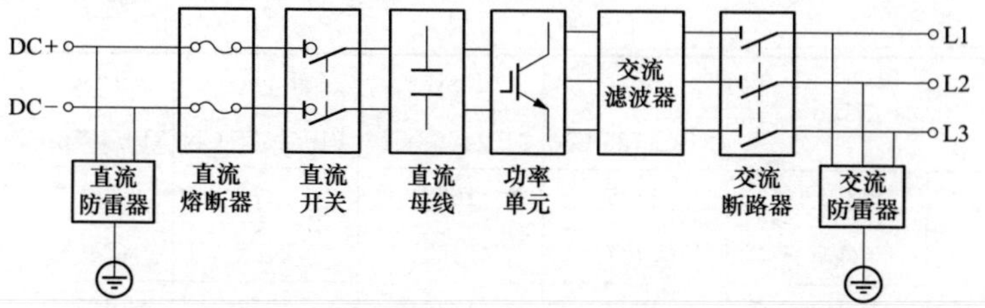

图 3-2 储能变流系统主功率原理图

2）每日最大充放电次数约束：日均一充一放。

3）剩余电量（SOC）范围约束：30%～90%。

4）最小充放电转换间隔时间约束：1min。

5）每个礼拜对电池 SOC 值进行检查，当电池 SOC 低于 30%启动电池充电。

6）每次充电完成后 PCS 全部置于停机状态。

4. iPower 310 科研储能变流器技术规格（见表 3-2）

表 3-2 iPower 310 科研储能变流器技术规格

型号		iPower 310/1725-CN	iPower 310/1668-CN	iPower 310/1375-CN	iPower 310/1250-CN
直流侧参数	直流电压范围（V）	1000～1500			
	直流母线最高电压（V）	1500			
	直流侧最大电流（A）	1898	1835	1513	1375

续表

型号		iPower 310/1725-CN	iPower 310/1668-CN	iPower 310/1375-CN	iPower 310/1250-CN
交流参数（并网）	额定功率（kW）	1725 @40℃	1668 @45℃	1375 @45℃	1250 @45℃
	最大输出功率（kW）	1898 @40℃	1835 @45℃	1513 @45℃	1375 @45℃
	额定输出电流（A）	1444	1396	1151	1046
	最大输出电流（A）	1588	1535	1266	1151
	交流接入方式	三相三线			
	隔离方式	无变压器隔离			
	无功范围（kvar）	−1725～+1725	−1668～+1668	−1375～+1375	−1250～+1250
	额定电网电压（V）	690			
	允许电网电压（V）	−15%～10%或587～759			
	额定电网频率（Hz）	50/60(±5)			
	电流总谐波畸变率（%）	<3（额定功率，电网背景满足GB/T 14549）			
	功率因数	−1～1			
	充放电转换时间（ms）	<30			

续表

型号		iPower 310/1725-CN	iPower 310/1668-CN	iPower 310/1375-CN	iPower 310/1250-CN
交流参数（离网）	额定输出电压（V）	690			
	输出过载能力	1.1倍长期（40℃），1.2倍1min	1.1倍长期（45℃），1.2倍1min		
	电压不平衡度（%）	<2，短时4			
	电压总谐波畸变率（%）	<3（线性负载）			
	额定输出频率（Hz）	50/60			
	动态电压瞬变范围（%）	<10			
系统	进出线方式	直流前底部进线，交流后下部出线			
	最大效率（%）	99.05			
	过载能力	1.1倍长期（40℃）运行，1.2倍1min	1.1倍长期（45℃）运行，1.2倍1min		
	允许环境温度（℃）	−35～+60（高温超过+45需降额）	−35～+60（高温超过+50需降额）		
	允许相对湿度（RH）（%）	0～100			

续表

型号		iPower 310/1725-CN	iPower 310/1668-CN	iPower 310/1375-CN	iPower 310/1250-CN
系统	最大工作海拔（m）	5000（>2000需降额）			
系统	噪声（dB）	在距离设备水平位置1m处，用声级机测量满载时的噪声，<80			
系统	尺寸（mm×mm×mm）	1080×2100×870			
系统	质量（kg）	<1500			
系统	防护等级	IP54			
系统	冷却方式	空水冷			
通信	通信接口	RS485、Ethernet、EtherCAT、CAN			
通信	通信规约	MODBUS-RTU/MODBUS-TCP/CAN2.0B/IEC61850			

5. 变流器操作注意事项

（1）正常停机步骤具体操作如下。

1）EMS下发“停机”指令，变流器停止运行。

2）若科研储能变流器处于外部供电模式，断开外部电源。

3）在断开开关处需有警示标志，以免他人误上电。

（2）紧急停机步骤。发生紧急情况时，请按以下步骤进行操作：

1）按下柜门上面的急停开关，变流器关闭，并自动断开科研储能变流器内部的交流开关和直流开关。

2）若科研储能变流器处于外部供电模式，断开外部电源。

急停开关仅在紧急情况下使用，正常关机需通过 EMS 下发停机指令。

6. 故障及异常处理

iPower 310 系列 1500V 科研储能变流器具有完善的保护功能及警告信息，一旦发生故障，在后台可查看故障信息。采取任何措施之前，请记录后台显示的信息。故障处理级别等级含义如下。

（1）故障：表示变流器、电网、电池及其他外部条件异常，自动停机，需要人员及时排除异常。

（2）警告：表示变流器、电网、电池及其他外部条件异常，不停机，需要人员及时排除异常故障复位方式分为自动复位和手动复位。

（3）可自动复位故障是指故障发生后，系统每隔一定的时间会自行清除故障，如若故障条件消除，则系统退出故障状态；若故障条件依然存在，则重新报出故障。故障可自动复位次数可由功能码设置，当可自动复位次数用完时，故障不再自动复位，直到用户手动复位系统，故障可自动复位次数重新装载。

（4）手动复位故障在引起故障的原因消除后，需点击

“复位”，变流器才可恢复工作。

常见故障及其处理见表 3-3，常见告警信号及其处理见表 3-4。

表 3-3　　　　常见故障及其处理

序号	故障名称	可能原因	故障处理
1	科研储能电池极性反接	电池与变流器连接时极性反接	检查电池极性是否接反
2	科研储能电池电压过高	上电时电池电压过高或过低	检查电池电压是否过高或过低
3	直流侧半母线硬件过压	• 半母线电压过高 • 正负半母线不均压	• 检查电池电压是否正常 • 检查电网电压是否正常
4	交流硬件过流	• 交流侧出现短路 • 冲击性负载	具体请联系厂家
5	A 相 IGBT 故障	A 相 IGBT DESET 保护	具体请联系厂家
6	B 相 IGBT 故障	B 相 IGBT DESET 保护	具体请联系厂家
7	C 相 IGBT 故障	C 相 IGBT DESET 保护	具体请联系厂家
8	交流侧 A 相霍尔断线	接线端子脱落	具体请联系厂家
9	交流侧 B 相霍尔断线	接线端子脱落	具体请联系厂家

续表

序号	故障名称	可能原因	故障处理
10	交流侧 C 相霍尔断线	接线端子脱落	具体请联系厂家
11	直流侧霍尔断线	接线端子脱落	具体请联系厂家
12	熔断器故障	• 熔丝触点接触不良 • 熔丝熔断	• 检查熔丝是否松动 • 更换熔丝
13	直流侧开关故障	• 开关触点黏连 • 开关反馈信号线断开 • 开关控制信号线断开	• 检测开关触点是否黏连 • 检查开关控制信号和反馈信号连接是否正常
14	IGBT 风机故障	• 风机堵转 • 风机断线	• 检查扇叶是否被卡住 • 检查风机电源线连接是否正常
15	直流侧全母线软件过压	• 电网电压过高 • 电池电压过高	• 检查电池电压是否在正常范围内 • 检查电网电压是否正常
16	直流侧全母线软件欠压	• 运行中母线电压过低 • 电池电压过低	• 检查电池电压是否在正常范围内 • 检查电网电压是否正常

续表

序号	故障名称	可能原因	故障处理
17	半母线电压偏差过大	• 正负半母线电压出现偏差 • 母线电容老化	具体请联系厂家
18	直流侧软件过流	• 直流侧出现短路 • 直流负载过大	具体请联系厂家
19	电网交流过压	电网电压高于交流过压点	检查电网电压是否正常
20	电网交流欠压	电网电压低于交流欠压点	检查电网电压是否正常
21	离网交流过压	离网交流电压高于交流过压点	具体请联系厂家
22	离网交流欠压	离网交流电压低于交流欠压点	具体请联系厂家
23	并网交流过频	电网频率高于过频点	检查电网电压是否正常
24	并网交流欠频	电网频率低于欠频点	检查电网电压是否正常
25	交流软件过流	• 交流侧出现短路 • 交流负载过大	具体请联系厂家
26	输出缺相故障	• 主回路输出线松动 • 主回路输出对地短路	检查三相输出接线是否正常

续表

序号	故障名称	可能原因	故障处理
27	防雷器故障	防雷器损坏	•检查防雷器接线是否正常 •检查防雷器是否损坏
28	孤岛故障	用电负荷脱离电网后孤立运行	具体请联系厂家
29	电流控制偏差过大	•接线端子脱落 •控制环路饱和 •主回路电压异常	具体请联系厂家
30	电网电压不平衡	三相电网电压幅值差超出允许范围	•检查电网电压是否正常 •检查电网电压无是否缺相
31	辅助变压器过温	•辅助变压器温度超过保护点 •风扇故障 •风道堵塞	•检查温度保护点 •检查风扇是否正常 •检查风道是否堵塞
32	辅助变压器低温	•辅助变压器温度低于保护点 •温度采样掉线	•检查温度保护点 •检查温度采样线
33	电池电压过高	运行时电池电压高于电池过压点	检查电池电压
34	电池电压过低	运行时电池电压低于电池欠压点	检查电池电压

续表

序号	故障名称	可能原因	故障处理
35	电抗器低温	• 环境温度过低 • 温度采样掉线	检查温度采样线
36	主机异常停机	从机检测到主机停止运行	具体请联系厂家
37	锁相异常	电网电压锁相异常	检查电网电压是否正常
38	风机电源故障	风机电源断线	检查风机电源线连接是否正常

表 3-4　　　　常见告警信号处理

序号	告警信号名称	可能原因	告警信号处理
1	EMS 连接超时 1（外部总线）	扩展卡 1 与外部通信线断开	检查扩展卡 1 与外部通信线连接是否正常
2	EMS 连接超时 1（内部通信）	扩展卡 1 与控制板通信线断开	检查扩展卡 1 与控制板通信线连接是否正常
3	EMS 连接超时 2（外部总线）	扩展卡 2 与外部通信线断开	检查扩展卡 2 与外部通信线连接是否正常
4	EMS 连接超时 2（内部通信）	扩展卡 2 与控制板通信线断开	检查扩展卡 2 与控制板通信线连接是否正常
5	EERPOM 故障	ARM 侧 EEPROM 读写故障	具体请联系厂家

续表

序号	告警信号名称	可能原因	告警信号处理
6	RTC 故障	• 电池未安装 • 电池电压低	检查控制板上纽扣电池是否安装
7	黑匣子存储故障	DSP 侧 Flash 或 SD 卡读写故障	具体请联系厂家
8	电源盒检测异常	检测到 220V 供电掉线	检查 220V 电源线连接是否正常

二、PCS 科研储能升压一体仓（预装式变电站）

1. 基本情况

IPS 系列科研储能升压一体仓（预装式变电站）是由高压室、变压器室、低压室组成的高效变配电装置，其主要技术参数见表 3-5。

表 3-5　　主要技术参数

项　目	单位	参　数
主接线方式		环网型　　终端型
变压器性能水平代号		干变 SCB11、13
额定容量	kVA	30～3450

续表

项　　目	单位	参　　数
额定电压	kV	12、40.5/0.4、0.69、0.8
最高工作电压	kV	40.5
雷电冲击耐受电压	kV	134
1min 工频耐受电	kV	95
高压开关额定开断电流	kA	20、25、31.5
变压器连接方式		无励磁分接±5%(±2×2.5%)
低压出线回路		根据实际情况定

2. 首次充放电

（1）启动后若调度无特殊要求，可由 EMS 发出充电指令，控制充电功率为总功率 25%，持续 15min。若无异常或故障，可转向下一个功率。

（2）由 EMS 发出充电指令，控制充电功率为总功率 50%，持续 15min。若无异常或故障，可转向下一个功率。

（3）由 EMS 发出充电指令，控制充电功率为总功率 75%，持续 15min。若无异常或故障，可考虑将充电功率调整总功率 100%，持续 15min。

（4）若具备放电条件的，建议将各个电池舱的 SOC 充至 100%，后续可进行放电；若不具备放电条件的可以停止充电。

3. 运行注意事项

变压器的停送电操作的注意事项如下。

（1）新投及 A 类检查后的变压器投运时，应选择保护完备和励磁涌流影响较小的 0.38kV 侧进行充电，送电后，保护要进行带负荷检查。

（2）变压器停电操作应先拉负荷侧，后拉电源侧，即先停低压侧后停高压侧，送电时则与此操作顺序相反。

第四章

220kV 智慧能源站二次设备运维

一、iPower-3000/EMS 大规模储能柔性能量管理系统

1. 基本情况

iPower-3000/EMS 大规模科能柔性能量管理系统实现了对科研储能电站内部功率变换系统、电池管理系统、二次控制装置等站内设备的信号采集、监视及控制、故障处理、运行管理以及能量管理等功能。提高了科研储能电站运行的可靠性、经济性及安全性。

iPower-3000/EMS 系统由硬件平台、软件平台和应用软件三部分组成，实现了软硬件分离、分层设计，具有方便部署、扩展灵活等特点。硬件平台包括各类主流服务器、工作站。软件平台包括操作系统及应用支撑软件。应用软件分为监控系统和能量管理两部分。iPower-3000/EMS 系统架构示意图见图 4-1。iPower-3000/EMS 系统实时采集的信息见表 4-1。

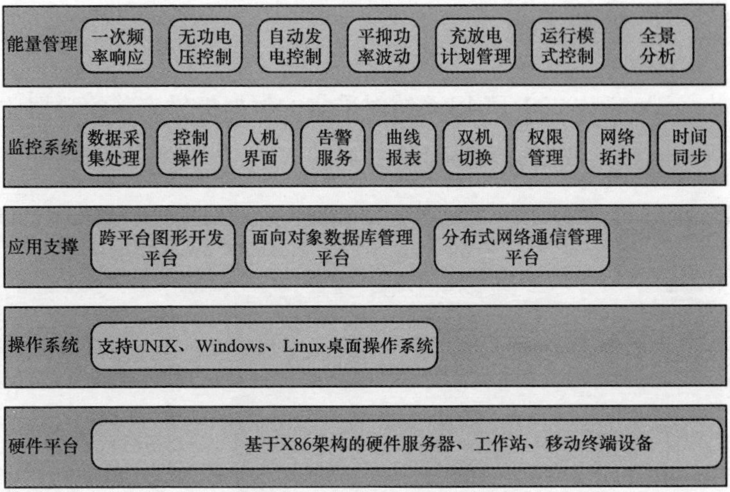

图 4-1　iPower-3000/EMS 系统架构示意图

表 4-1　　iPower-3000/EMS 系统实时采集信息

数据类型	采集信息
电力网络	频率、电压、电流、有功功率、无功功率、功率因数、有功电量、无功电量、相位； 开关状态、事故信号、异常信号
科研储能元件	电压、电流、荷电状态、温度； 开关状态、事故信号、异常信号
科研储能变流器	电压、电流、温度； 开关状态、事故信号、异常信号
其他	电源系统、火灾预警系统等信息

2. 数据监视

iPower-3000/EMS 系统对采集的数据提供完善的数据监测功能，其数据监测界面见图 4-2。

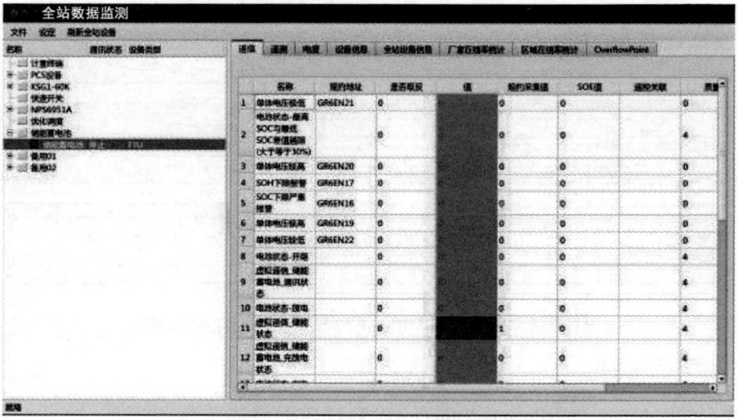

图 4-2 iPower-3000/EMS 系统数据监测界面

3. 数据处理

iPower-3000/EMS 系统具备对采集数据信息进行计算、分析等功能，数据分析服务功能包括但不限于：

(1) 支持数据源选择、自动计算周期等，支持按日、月、季、年或自定义时间段统计；

(2) 支持统计指定量的实时最大值、最小值、平均值和发电量总加值，统计时段包括年、月、日、时等；

（3）支持多位置信号、状态信号的逻辑计算；

（4）支持统计指定量变位次数、遥控、遥调次数等；

（5）支持统计遥控正确率和遥调响应正确率等；

（6）支持对电压电流越限、功率因数和电能质量合格率等统计分析；

（7）支持人工设定数据和状态，所有人工设置的信息应能自动列表显示；

（8）支持数据完整性检查，自动过滤坏数据；

（9）支持设定限值，支持不同时段使用不同限值。

4. 数据存储

iPower-3000/EMS 系统具备对采集数据信息进行存储的功能，存储服务包括但不限于如下内容：

（1）支持对采集的各类原始数据和应用数据进行分类存储和管理；

（2）支持对事件顺序记录、操作记录的存储；

（3）重要数据存储时间不少于 2 年。

5. 控制操作

（1）人工置数。

1）人工置数的数据类型包括状态量、模拟量、计算量；

2）人工置数的数据应进行有效性检查。

（2）标识牌操作。

1）应提供自定义标识牌功能，常用的标识牌应包括：

a）锁住：禁止对具有该标识牌的设备进行操作；

b）保持分闸/保持合闸：禁止对具有该标识牌的设备进行合闸/分闸操作；

c）警告：某些警告信息应提供给操作人员，提醒操作人员在对具有该标识牌的设备执行控制操作时能够注意某些特殊的问题；

d）接地：对于不具备接地刀闸的点挂接地线时，可在该点设置“接地”标识牌，系统在进行操作时将检查该标识牌；

e）检修：处于“检修”标志下的设备，可进行试验操作，但不向调度员工作站报警。

2）应能通过人机界面对一个对象设置标识牌或清除标识牌，在执行远方控制操作前应先检查对象的标识牌。

3）单个设备应能设置多个标识牌。

4）所有的标识牌操作应进行存档记录。

（3）控制种类。

1）单设备控制：常规的控制方式，针对单个设备进行控制；

2）支持远方控制操作。

（4）控制流程。

对开关设备实施控制操作一般应按三步进行：选点一返校一执行，只有当返校正确时，才能进行“执行”操作。

二、能量管理功能

1. 一次频率响应

iPower-3000/EMS 系统通过实时采集科研储能电站并网点频率，能够在频率越死区时完成有功一频率的下垂特性控制，使科研储能电站在并网点具备参与电网频率快速调整能力。一次频率响应有功—频率下垂特性示意图见图 4-3。

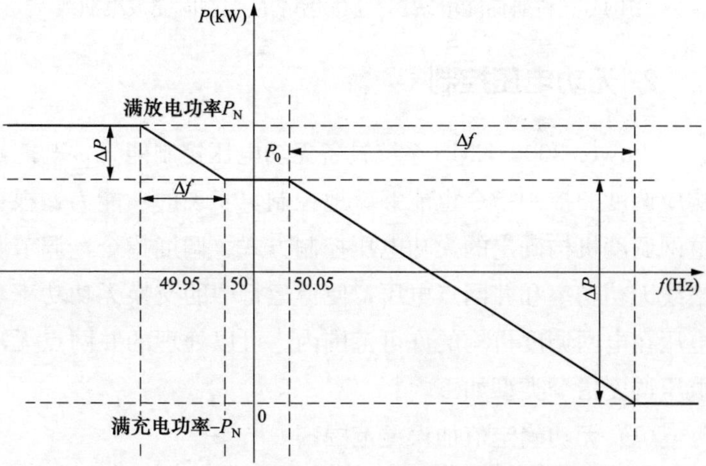

图 4-3　一次频率响应有功—频率下垂特性示意图

科研储能电站在一次频率响应控制时充放电曲线见图 4-4。

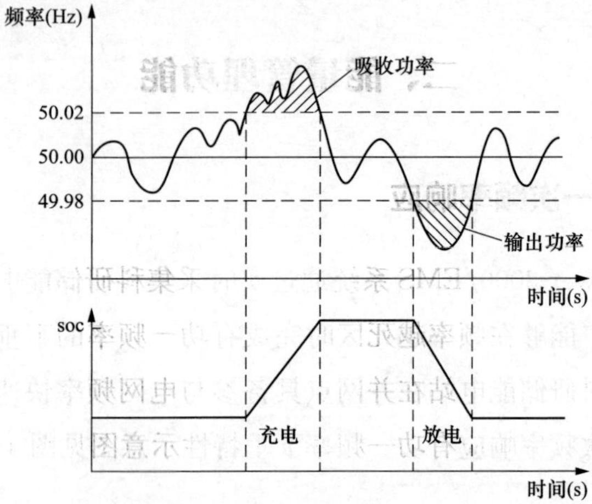

图 4-4　科研储能电站在一次频率响应控制时充放电曲线

2. 无功电压控制

iPower-3000/EMS 系统具备无功电压控制能力，既能够响应调度的控制指令也能够就地控制，实现的功能为：根据电网调度机构确定的无功电压控制方式、调度指令，调节联络线无功功率和并网点电压，使得运行中的交换无功功率和电压在电网调度机构的许可范围内。可以处理的并网点无功电压调度指令类型如下。

（1）无功确定值加误差范围；

（2）无功上下限约束值；

（3）功率因数确定值加误差范围；

（4）功率因数上下限约束值；

（5）并网点电压确定值加误差范围；

（6）并网点电压上下限约束值；

（7）电压—无功下垂曲线；

（8）最优无功控制，当并网点无功电压的控制方式为上下限约束形式时，能够根据无功就地平衡、保障电压合格率、保障公共连接点功率因数合格原则，控制无功功率和并网点电压。

3. 自动发电控制

iPower-3000/EMS 系统能够与上级调度系统进行通信，接收功率目标值，对科研储能站内功率变换设备的有功出力进行自动调节，维持系统频率、联络线交换功率在计划目标范围内。

根据电网调度机构确定的有功功率控制方式、调度指令，调节联络线有功功率，使得运行中的交换功率在电网调度机构的许可范围内。可以处理的并网点有功调度指令类型包括：

（1）有功确定值加误差范围；

（2）有功上下限约束值；

（3）频率—有功下垂曲线；

（4）跟踪调度计划曲线，按照电网调度机构确认后的调度计划曲线执行有功功率控制；

（5）最优有功功率控制，当联络线有功功率的控制方式为上下限约束形式时，可根据总体经济最优的目标计算得到最优交换功率值并执行。

4. 充放电计划管理

iPower-3000/EMS系统的充放电计划管理模块主要功能是管理科研储能系统的充放电计划，具体包括如下管理内容。

（1）展示上级调度下发的计划曲线，为人工修改充放电电计划提供接口；

（2）支持人工录入科研储能系统充放电计划；

（3）识别不同的运行模式，自动切换科研储能系统的充放电转换计划；

（4）存储、查询发用电计划。

通过充放电计划管理模块，能够实现科研储能系统的削峰填谷功能，相关曲线图见图4-5。

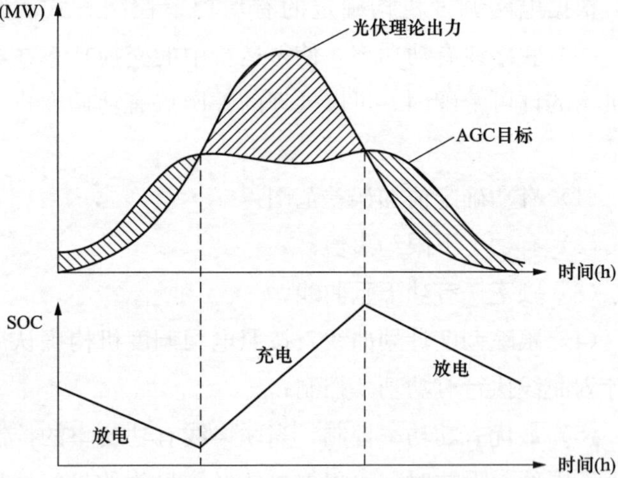

图4-5 科研储能系统削峰填谷功能曲线图

5. 运行模式管理

iPower-3000/EMS 系统能够根据外部负荷及电源运行状态进行运行模式的判别及自动切换，运行模式管理具体包括如下内容。

（1）运行模式设置，用户可以根据运行需要设置并网运行、孤网运行等多种运行模式；

（2）能够自定义运行模式切换操作步骤，支持一键模式切换；

（3）能够定义系统黑启动操作步骤，支持用户一键黑启动。

6. 全景分析

根据 BMS 和 PCS 上送的全景数据，分析系统运行状态，挖掘或抽取有用的信息，如科研储能系统 SOC，SOH，充放电次数，循环次数，充放电寿命等，科研储能充放电效率，电池串内阻等。

（1）基于全景分析算法，得出电池组重要信息（可用容量/能量、可持续工作时间、可循环寿命），并进行电池、PCS、科研储能回路的历史数据分析、电能表数据统计分析、事故追忆、日志管理等。

（2）支持通过电流和电压计算和温度修正获取电池组最大充/放电功率。

（3）实现电池可用容量/能量分析。参考培特经验公式，分析放电电流/功率、SOC与可用容量之间的函数关系，并通过温度进行校正。

（4）实现电池组可持续放电时间分析。基于电池组的实时状态，预测电池组在当前运行条件下可持续放电时间。

（5）实现电池可循环寿命分析。根据预期充放电循环次数（或预期寿命）和累计充放电循环次数（或运行时间），计算剩余充放电循环次数（或运行时间）；或通过电池组容量衰减规律分析，计算系统容量下降至截止使用容量值的运行时间。

三、iPower 510 虚拟构网协控装置

1. 基本情况

iPower 510 虚拟构网协控装置和 iPower-3000/EMS 能量管理系统配套使用。iPower-510 虚拟构网协控装置依据能量管理系统下发的并网点功率目标值、科研储能变流器当前总出力，结合并网点频率、电压，科研储能电池等相关信息，计算得出每个科研储能变流器当前最优出力，下发至科研储能变流器，使并网点功率值为预期值。

2. 装置菜单界面

（1）装置各信号（指示灯等）名称、指示状态；屏上各

按钮、转换开关的标号及作用和正常运行状态。iPower 510 装置面板见图 4-6。

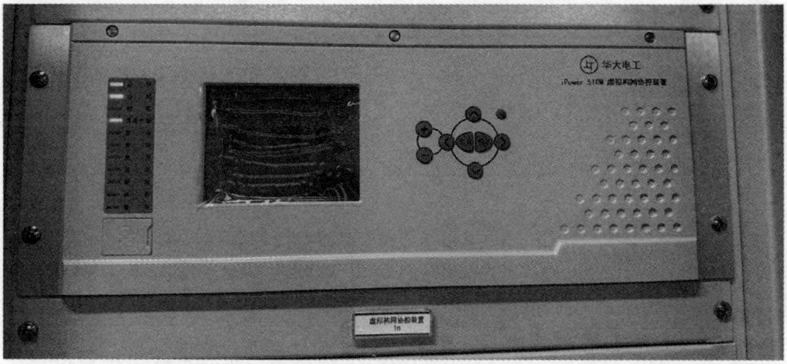

图 4-6 iPower 510 装置面板

（2）iPower 510 装置面板指示灯含义（见表 4-2）。

表 4-2　　iPower 510 装置面板指示灯含义

序号	名称	保持	颜色	含　义
1	运行	不保持	绿	装置上电自检通过，则常亮。装置由于硬件或是软件出现异常时导致装置不能工作或部分功能缺失时，处于常灭状态
2	异常	不保持	红	外部信号异常时点亮，瞬时返回
3	检修	不保持	红	装置检修点亮，瞬时返回
4	通信中断	不保持	红	与科研储能变流器 GOOSE 通信（MODBUS 通信）中断时点亮，瞬时返回
5	备用	不保持		
6	备用	不保持		
7	备用	不保持		

（3）压板说明（见表4-3）。

表4-3　　　　　　　　　压板说明

序号	压板名称	压板方式	说　明
1	AGC/AVC响应	软压板	该压板退出后，“响应AGC/AVC”“一次调频”“动态调压”功能均推出
2	科研储能X协调控制可控	软压板	压板投入时，科研储能X参与协调控制；退出后，不再进行科研储能X的功率调节
3	精准切负荷投入压板	软压板	压板投入时，“响应精准切负荷终端”功能投入，压板退出，该功能退出
4	检修状态投入	硬压板	装置检修时投入

（4）菜单使用说明。装置采用了超大屏＋按键的操作方式。人机交互界面可以完成定值管理、事件查看、输入监视、硬件测试、通信测试和装置设置等功能。

1）＋一键：在主菜单界面切换保护，测控等功能，或者改变当前焦点的数值；

2）＜＞键：改变菜单焦点，或翻页；在修改定值时，长按换到下一类定值；

3）∧∧键：改变焦点，或翻页；

4）取消键：退出当前界面；在弹出事件界面，长按可以清除最近事件列表；

5）确认键：进入下一界面，或确认当前操作；

6）组合键：＜键＋∧或∨键，＞键＋∧或∨键，可以在修改定值时，切换定值种类。

（5）人机界面使用说明。

1）主菜单界面。装置的主菜单界面示意图见图 4-7。

【主菜单】

信息查看	**运行操作**
报告查询	**定值整定**
调试菜单	**打　印**
装置设定	

2021-11-15　14:33:19

图 4-7　装置的主菜单界面示意图

2）巡检界面。装置具有巡检界面，用于显示装置工作状态信息，主要操作界面示意图见图 4-8。

3）信息查看界面示意图见图 4-9，信息查看下具有的对应运行信息菜单项，可以查看保护状态、查看定值、压板状态、装置设置和版本信息。

4）装置的定值整定主要操作界面示意图见图 4-10。

5）报告查询。装置的报告查询，主要操作界面示意图见图 4-11。

【装置信息】

运行定值01区

远方操作硬压板退出

非检修状态

2021-11-15 14:34:19

图 4-8 装置的巡检界面示意图

【信息查看】

保护状态　　查看定值

压板状态　　版本信息

装置设置

图 4-9 信息查看界面示意图

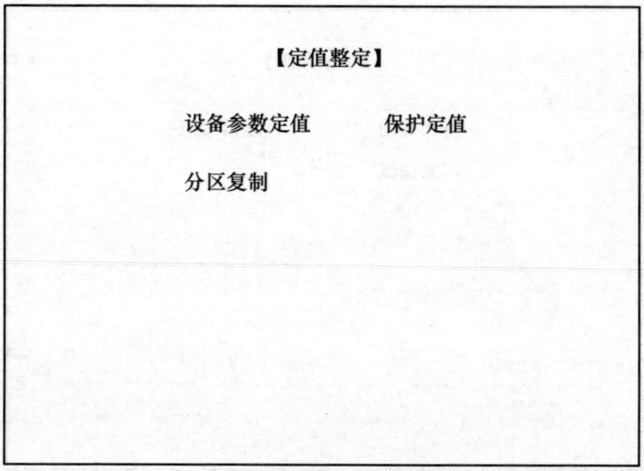

图 4-10　定值整定界面示意图

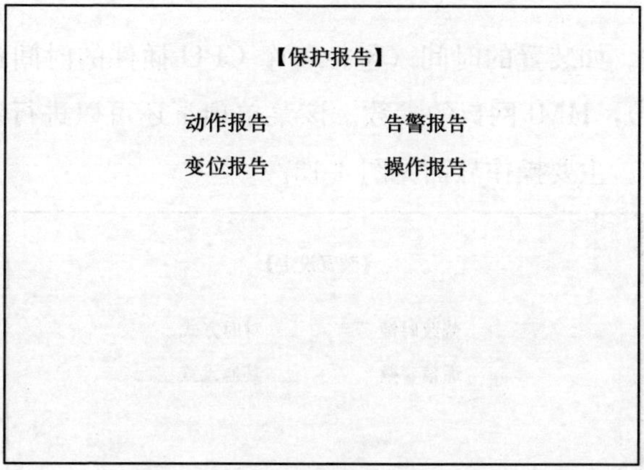

图 4-11　报告查询操作界面示意图

6）调试菜单。装置的调试菜单有开出传动，通信对点，厂家调试三大项。主要操作界面示意图见 4-12。

7）装置设定。装置设定菜单项可以设定装置的一些公

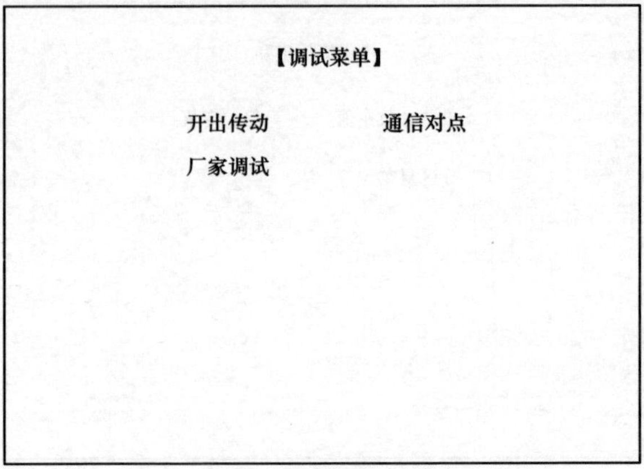

图 4-12　开出传动操作界面示意图

共参数。如装置的时间（包括各个 CPU 插件的时间也会同步设置），HMI 网口的参数。该菜单项下还可以进行装置复归操作。主要操作界面见图 4-13。

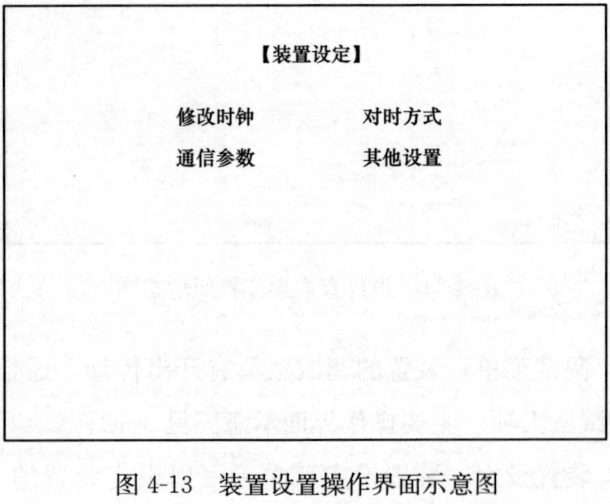

图 4-13　装置设置操作界面示意图

3. 运行注意事项（见表 4-4）

表 4-4　　　　　常见异常事件信息

序号	告警名称	告警含义	装置面板指示灯及接点动作情况	现场运行时处理意见
1	储能 X SOC 越下限	科研储能 X 的 SOC 越技术下限		检查对应的科研储能变流器和电池当前工作状态
2	科研储能 X 功率异常	科研储能 X 的功率不满足科研储能定值框定的约束条件		检查对应的科研储能变流器和电池当前工作状态
3	协调控制定值异常	“功率 SOC 分配”“功率平均分配”均投入	装置告警灯亮，装置告警接点动作	查看定值
4	电压异常	电压正序或负序大于定值		查看二次电压值
5	频率异常	频率小于 44.5Hz 或频率大于 55.5Hz		查看二次电压值和频率值
6	对时信号异常	无对时信号，或者对时信号未接入装置		检查对时信号回路和对时信号源

续表

序号	告警名称	告警含义	装置面板指示灯及接点动作情况	现场运行时处理意见
7	对时服务异常	对时服务异常		检查对时信号源
8	时间跳变侦测异常	对时信号有时间跳变		检查对时信号源
9	电源异常	电源工作电压异常或者插件异常	装置告警灯亮，装置告警接点动作	检查装置输入电源
10	装置检修	装置处于检修状态		检查装置检修压板
11	装置故障	装置运行过程中出现的软硬件异常状态	装置运行灯熄灭，装置故障节点动作	退出协调控制，通知厂家处理

四、科研储能电站主控系统(BAMS)

1. 基本情况

科研储能电站主控系统（BAMS）在科研储能 BMS 系统的三层构架中（底层电池管理单元 BMU、中层电池簇管理单元 BCMU 以及顶层科研储能电站主控系统 BAMS）中处于最上层，主要负责对电池簇管理单元 BCMU 实时数据采集，实时计算、性能分析、报警处理、保护处理及记录存储。使得各组电池达到均等出力，确保系统达到最佳运行状态和最长运行时间。

另外科研储能电站主控系统 BAMS 还负责与科研储能变流器（PCS）以及科研储能调度监控系统（EMS）进行通信，实现联动。电池组管理单元 BAMS 提供准确有效的电池管理信息，是科研储能系统负荷控制策略的重要依据。通过电池均衡管理可极大地提高电池能量利用效率，优化负荷特性。同时，可最大限度地延长电池使用寿命，保障科研储能系统的稳定性、安全性及可靠性。

2. 系统结构及功能

科研储能电站主控系统（BAMS）通过 Can 总线连接一个或多个电池簇管理单元（BCMU），采集数据，实时计算各汇总量和评估状态，同时将数据转发给后台（EMS）和科研储能变流器（PCS）。

（1）科研储能电站主控系统（BAMS）软件系统框图见图 4-14。

从图 4-14 可以看出科研储能电站主控系统（BAMS）分为主要分为五个模块，数据采集服务、数据处理服务、数据保存服务、数据展示模块、数据转发服务。

1）数据采集服务包括采集服务和辅助采集服务，采集电池簇管理单元（BCMU）数据到实时数据库，负责读取嵌

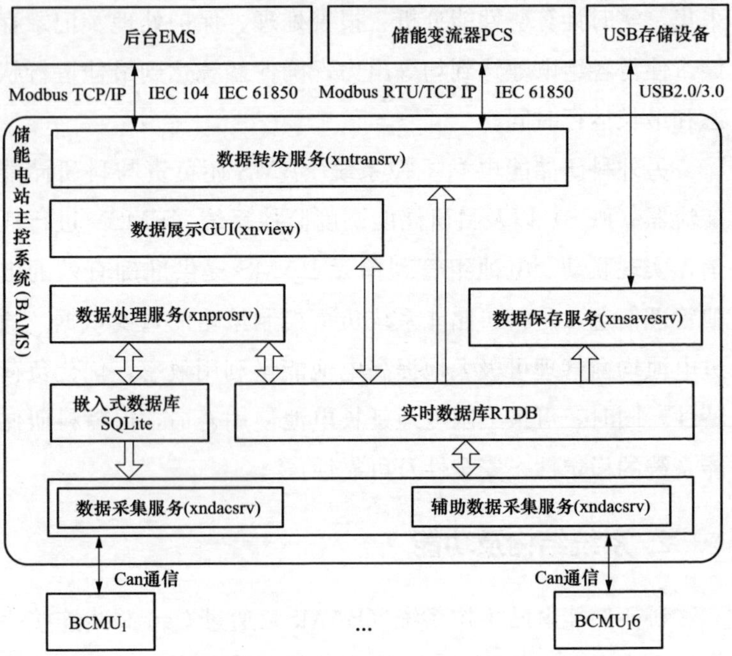

图 4-14　科研储能电站主控系统（BAMS）软件系统框图

入式数据的配置，创建实时数据库（RTDB）。采集服务接Can0 口和辅助采集服务接 Can1 口。

2）数据处理服务处理电池组告警和保护，并计算汇总量和状态量。

3）数据保存服务保存实时采集的数据到 U 盘中。支持USB2. 0/3. 0 协议。

4）数据展示模块展示科研储能电站主控系统（BAMS）运行情况。

5）数据转发服务对外提供标准 Modbus TCP/IP 协议，标准 IEC 104 协议，IEC 61850 协议。并负责与科研储能变流器（PCS）通信，与科研储能变流器（PCS）通信支持标准 IEC 61850 协议，Modbus TCP/IP 协议，Modbus RTU 协议。

（2）科研储能电站主控系统（BAMS）主要实现的功能。

1）实时数据展示。

2）报警提醒和查询。

3）接入一组或多组电池簇管理单元（BCMU）（最多 16 组）。

4）允许最多 17 路 Modbus TCP/IP 主站同时连接。

5）与 PCS 采用 RS485 或网络连接，接 RS485 采用标准 Modbus RTU，接网络可采用标准 ModbusTCP 或 IEC 61850 协议。

3. 系统操作说明

（1）主页界面。科研储能电站主控系统（BAMS）启动后主页界面见图 4-15。

从图 4-15 可以看出科研储能电站主控系统（BAMS）分为 4 个区域：

1）区域 1：整个系统导航栏，包含监控主页、单体数据、系统告警、系统日志、参数设置以及关于六个导航按钮，实现系统的快速切换。

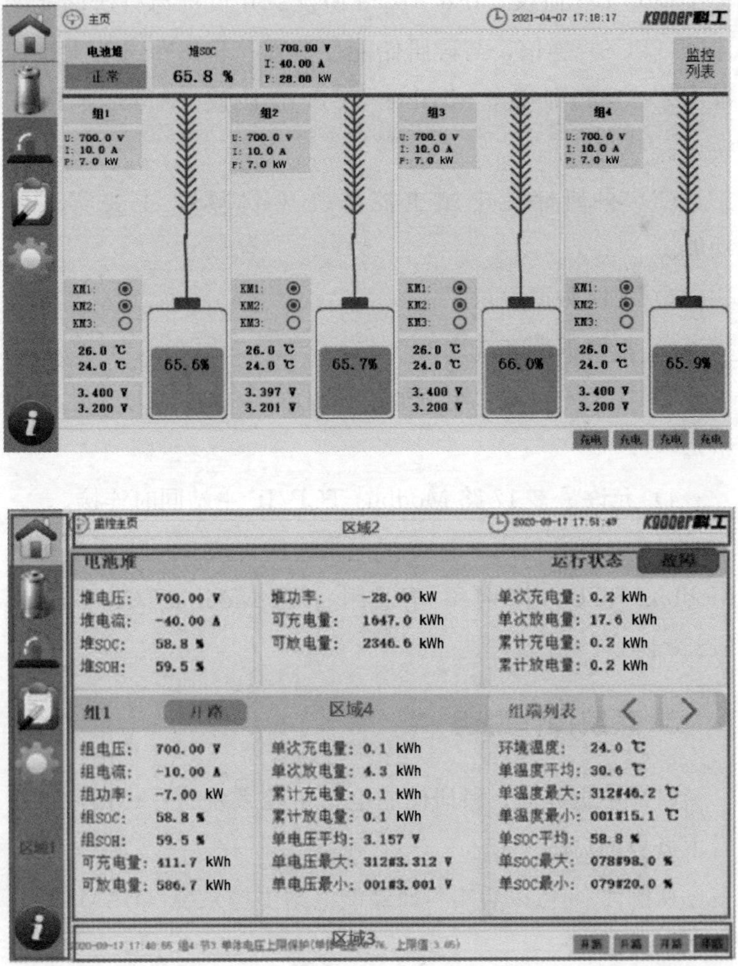

图 4-15　科研储能电站主控系统（BAMS）启动界面

2）区域 2：上状态栏，该区域左边显示系统当前的位置，右边为公司 LOGO 信息。

3）区域 3：下状态栏，该区域左边显示系统最新一条的报警保护信息，中间显示电池组的状态，红色表示该组有保护产生，黄色表示该组有报警产生，蓝色表示该组有预警产生，绿色表示该组没有报警保护产生，运行正常。文字表示电池组当前的状态，共五种：开路、待机、充电、放电、预警。右边为系统时间。

4）区域 4：主信息展示区，选择不同的类别展示不同的信息。

（2）监控主页。点击导航栏的按钮，进入〈监控主页〉界面，见图 4-16。该界面展示各电池组和电池堆得汇总量和总状态信息。

1）电池堆信息包括：堆电压、堆电流、堆 SOC、堆 SOH、堆功率、可充电量、可放电量、单次充电量、单次放电量、累计充电量和累计放电量。

2）运行状态有六种状态：充满（0x1111）、放空（0x2222）、待机（0x5555）、预警（0xCCCC）、故障（0xAAAA）以及正常（0xBBBB），当状态处于故障（0xAAAA）时，底色为红色，当状态处于预警（0xAAAA）时，底色为蓝色，处于待机（0x5555）时，底色为橙色，其他底色为绿色。

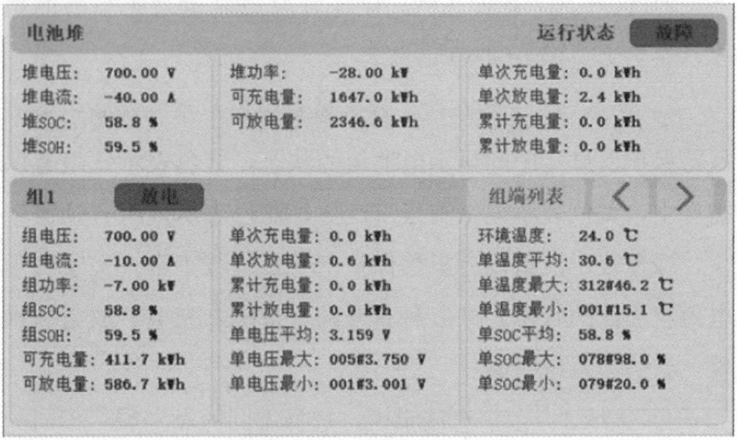

图 4-16　监控主页界面

3）电池组信息点击组分别显示，内容包括：组电压、组电流、组功率、组 SOC、组 SOH、可充电量、可放电量、单次充电量、单次放电量、累计充电量、累计放电量、单体电压平均值、单体电压最大值、单体电压最小值、环境温度、单体温度平均值、单体温度最大值、单体温度最小值、单体 SOC 平均值、单体 SOC 最大值、单体 SOC 最小值。

4）电池组的状态分为开路、待机、充电、放电、预警。红色表示该组有保护产生，橙色表示该组有报警产生，蓝色表示该组有预警产生，绿色表示该组没有报警保护产生，运行正常。

5）电池组状态的判断规则。

开路：直流接触器断开。

待机：直流接触器闭合，无电流。

充电：直流接触器闭合，电流＞1A。

放电：直流接触器闭合，电流＜1A。

预警：直流接触器闭合，有预警告警发生。

6）运行状态的判断规则。PCS 的状态由各电池组状态判断而来，以各组中等级高为准。故障（0xAAAA）＞预警（0xCCCC）＞待机（0x5555）＞放空（0x2222）＞充满（0x1111)＞正常（0xBBBB)。各组的这 5 个状态判断规则如下。

a）故障（0xAAAA)：组内发生保护告警。单体电压上限保护、单体电压下限保护、单体温度上限保护、组端电压上限保护、组端电压下限保护、放电电流上限保护、充电电流上限保护、环境温度上限保护、正极绝缘监测下限保护、负极绝缘监测下限保护、接触器断开。

b）预警（0xCCCC)：组内发生预警告警。单体电压上限预警、单体电压下限预警、单体温度上限预警、组端电压上限预警、组端电压下限预警、放电电流上限预警、充电电流上限预警、环境温度上限预警、正极绝缘监测下限预警、负极绝缘监测下限预警、箱压差上限预警、箱温差上限预警。

c）待机（0x5555)：组内没有保护告警，存在除单体电压和组端电压外的告警。BCMU 与 BAMS 通信故障告警、单体温度上限告警、放电电流上限告警、充电电流上限告警、环境温度上限告警。

d）充满（0x1111）：组内没有保护告警以及除单体电压和组端电压外的告警，单体电压的一半以上发生上限告警、组端电压上限告警、组 SOC 上限保护或组 SOC≥100。

e）放空（0x2222）：组内没有保护告警以及除单体电压和组端电压外的告警，单体电压的一半以上发生下限告警或者组端电压下限告警、组 SOC 下限保护或组 SOC≤0。

正常（0xBBBB）其余状态。

7）干接点动作规则。

当组内的状态为故障（0xAAAA）时，保护干接点闭合，告警干接点断开。

当组内的状态为待机（0x5555）时，告警干接点闭合，保护干接点断开。

其余状态，告警干接点断开，保护干接点断开。

8）湿接点（接触器）动作规则。

点击组投入状态来跳开，并联汇入，各组独立。

电池组的湿接点（接触器）可以点击单电池组断开和支路电池组断开，单电池组断开只跳开一组电池组，PCS 做降功率处理。点击配置的支路统一动作，即同一支路内的电池组湿接点（接触器），一起闭合，一起断开。

当支路内有电池组状态为故障（0xAAAA）时，并且该状态持续时间达到接触器断开确认时间时，断开支路内所有电池组的湿接点。

当支路内有电池组状态的状态为待机（0x5555）且没有故障（0xAAAA）状态时，维持湿接点不变。

其余状态，且支路内不存在压差，湿接点闭合。

9）每组的运行状态改变需要维持 10s 以上。

（3）组端列表。点击监控主页上的组端列表按钮，显示组端信息列表，见图 4-17。

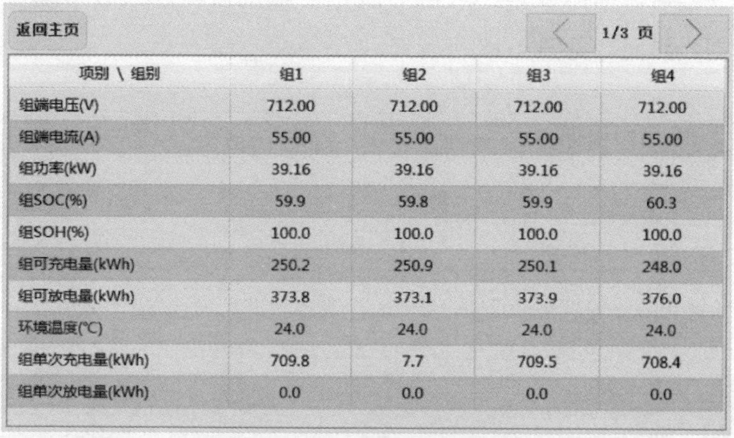
返回主页　　1/3 页

项别 \ 组别	组1	组2	组3	组4
组端电压(V)	712.00	712.00	712.00	712.00
组端电流(A)	55.00	55.00	55.00	55.00
组功率(kW)	39.16	39.16	39.16	39.16
组SOC(%)	59.9	59.8	59.9	60.3
组SOH(%)	100.0	100.0	100.0	100.0
组可充电量(kWh)	250.2	250.9	250.1	248.0
组可放电量(kWh)	373.8	373.1	373.9	376.0
环境温度(°C)	24.0	24.0	24.0	24.0
组单次充电量(kWh)	709.8	7.7	709.5	708.4
组单次放电量(kWh)	0.0	0.0	0.0	0.0

图 4-17　组端信息列表

组端信息展示各电池组的统计信息量，共三页。组端信息包括：组端电压、组端电流、组功率、组 SOC、组 SOH、组可充电量、组可放电量、环境温度、组单次充电量、组单次放电量、单体电压平均值、单体电压最大［节号＃值］、单体电压最小［节号＃值］、单体温度平均值、单体温度最大［节号＃值］、单体温度最小［节号＃值］、单体内阻平均值、单体内阻最大［节号＃值］、单体内阻最小［节号＃值］、单体SOC平均值、单体SOC最大［节号＃值］、单体SOC最小［节号＃值］、单体SOH平均值、单体SOH最大［节号＃值］、单体SOH最小［节号＃值］。

点击返回主页按钮，可以返回到监控主页。

（4）单体数据。点击导航栏的按钮，进入〈单体数据〉界面，见图4-18。

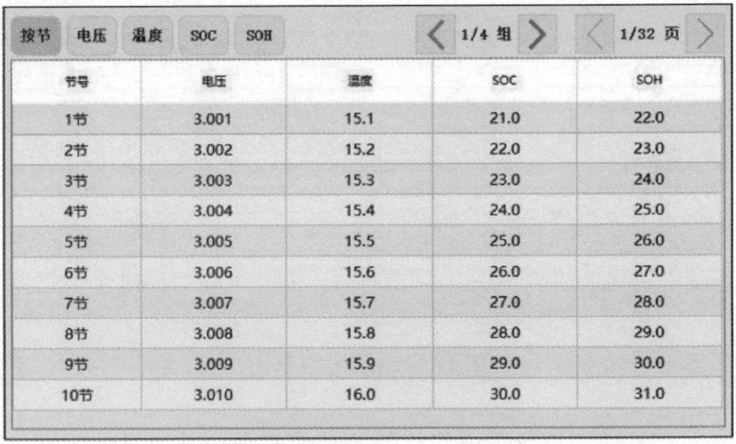

节号	电压	温度	SOC	SOH
1节	3.001	15.1	21.0	22.0
2节	3.002	15.2	22.0	23.0
3节	3.003	15.3	23.0	24.0
4节	3.004	15.4	24.0	25.0
5节	3.005	15.5	25.0	26.0
6节	3.006	15.6	26.0	27.0
7节	3.007	15.7	27.0	28.0
8节	3.008	15.8	28.0	29.0
9节	3.009	15.9	29.0	30.0
10节	3.010	16.0	30.0	31.0

图4-18　单体数据界面（点击节显示）

单体数据界面可以多种方式展示单体数据，点击节、电压、温度、内阻、SOC、SOH方式展示，单体电压展示见图4-19。

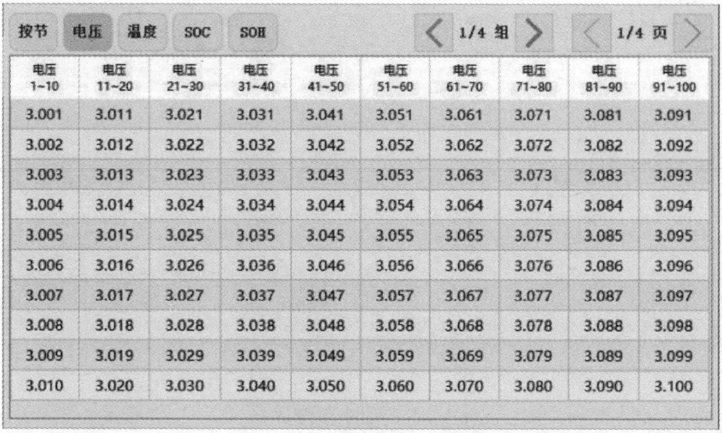

电压 1~10	电压 11~20	电压 21~30	电压 31~40	电压 41~50	电压 51~60	电压 61~70	电压 71~80	电压 81~90	电压 91~100
3.001	3.011	3.021	3.031	3.041	3.051	3.061	3.071	3.081	3.091
3.002	3.012	3.022	3.032	3.042	3.052	3.062	3.072	3.082	3.092
3.003	3.013	3.023	3.033	3.043	3.053	3.063	3.073	3.083	3.093
3.004	3.014	3.024	3.034	3.044	3.054	3.064	3.074	3.084	3.094
3.005	3.015	3.025	3.035	3.045	3.055	3.065	3.075	3.085	3.095
3.006	3.016	3.026	3.036	3.046	3.056	3.066	3.076	3.086	3.096
3.007	3.017	3.027	3.037	3.047	3.057	3.067	3.077	3.087	3.097
3.008	3.018	3.028	3.038	3.048	3.058	3.068	3.078	3.088	3.098
3.009	3.019	3.029	3.039	3.049	3.059	3.069	3.079	3.089	3.099
3.010	3.020	3.030	3.040	3.050	3.060	3.070	3.080	3.090	3.100

图 4-19　单体数据界面（电压显示）

点击可以进行组之间的切换，点击可以进行页之间的切换。

（5）系统告警。点击导航栏的击钮，进入〈系统告警〉界面，点击按钮，可以实时告警和历史告警的切换，点击按钮可以进行页之间的切换。实时告警界面和历史告警界面分别见图 4-20 和图 4-21。点击按钮，可以进行组的刷选，来显示实时告警。历史告警不分组，统一点击时间显示。当历史报警记录大于 10 000 条记录会自动删除。

（6）系统日志。点击导航栏的按钮，进入〈系统日志〉界面，见图 4-22。

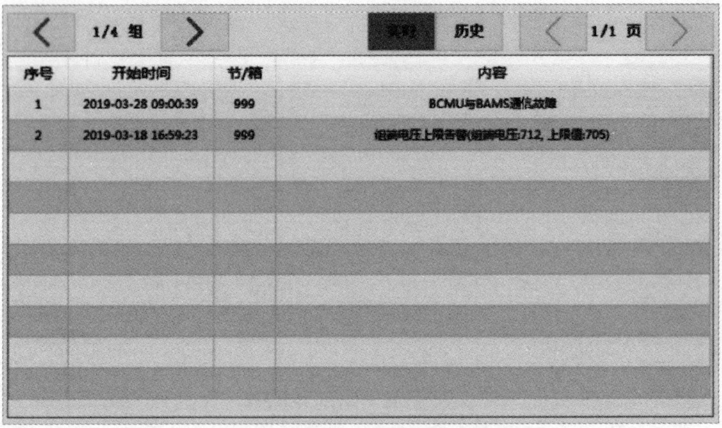

图 4-20　实时告警界面

图 4-21　历史告警界面

系统日志记录系统运行重要的事件信息，如电池组、电池堆状态的变化等。点击刷新按钮，可以重新加载日志信息，点击 < > 可以进行页之间的切换。当历史日志记录1000条的记录会自动删除。（2000条容量）

（7）参数设置。点击导航栏的按钮，进入〈参数设置〉界面，见图4-23。

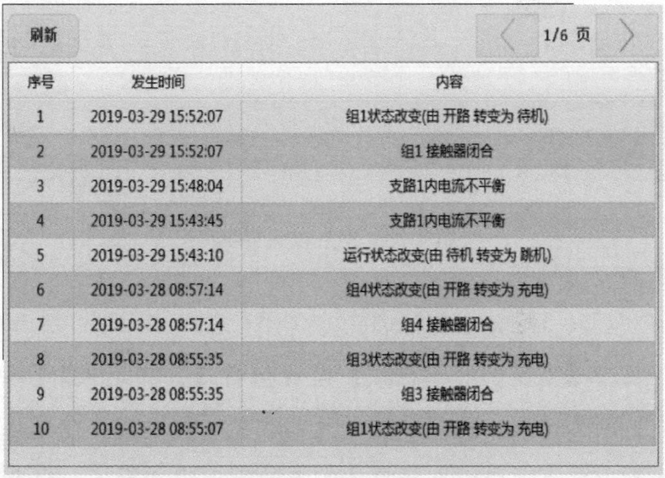
刷新　　1/6 页

序号	发生时间	内容
1	2019-03-29 15:52:07	组1状态改变(由 开路 转变为 待机)
2	2019-03-29 15:52:07	组1 接触器闭合
3	2019-03-29 15:48:04	支路1内电流不平衡
4	2019-03-29 15:43:45	支路1内电流不平衡
5	2019-03-29 15:43:10	运行状态改变(由 待机 转变为 跳机)
6	2019-03-28 08:57:14	组4状态改变(由 开路 转变为 充电)
7	2019-03-28 08:57:14	组4 接触器闭合
8	2019-03-28 08:55:35	组3状态改变(由 开路 转变为 充电)
9	2019-03-28 08:55:35	组3 接触器闭合
10	2019-03-28 08:55:07	组1状态改变(由 开路 转变为 充电)

图 4-22　系统日志界面

系统设置界面包含五部分内容，系统参数设置、运行参数设置、校准屏幕、重启设备、BCMU设置。

进入〈系统设置〉界面，默认显示的是系统参数表。

系统参数设置包括：设置平台电压、额定容量、安装组数、组参数应用组别、每组电池节数、每组温度个数、每组箱数、直流侧汇入方式、组投退、系统日期、系统时间、本

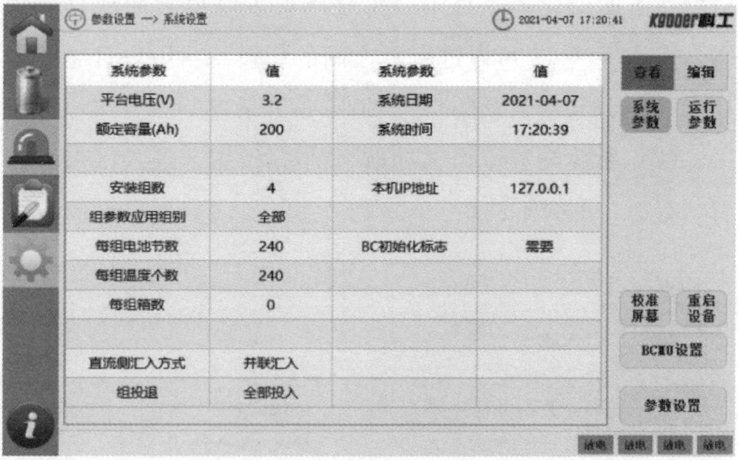

图 4-23　参数设置界面

机 IP 地址、BC 初始化标志。

其中【直流侧汇入方式】设置包含【并联汇入】【各组独立】两个选项。程序默认是【并联汇入】方式。在【并联汇入】方式下，可以选择具体的电池组退出和投入。只有在【并联汇入】这个选项下，才会需要并提供【组投退】选项的设置。

【并联汇入】：每个电池组汇入到 PCS 的直流侧（适用于 PCS 一支路情况）。设置后主界面运行状态只有一个总的电池堆的运行状态。

【各组独立】：每个电池组接入 PCS 的独立模块（适用于 PCS 支路独立情况）。设置后主界面每个电池组都有自己的独立的运行状态，不再有电池堆的运行状态。

【BC 初始化标志】：这是为了兼容老的 bcmu 程序。对于老的 bcmu 程序应该选择【不需要】。

进入〈系统设置〉界面，点击〈运行参数〉按钮会显示运行参数表。

运行参数设置包括：降功率使能、每组最大充电功率、每组最大放电功率、每组最大充电电流、每组最大放电电流、降功率比例、运行状态确认时间、运行状态恢复时间、接触器断开确认时间、电池温升过快阈值、动力线温升过快阈值、控制回路类型、控制闭合方式、组间压差、保存周期、蜂鸣器策略、对时服务器地址、命令服务器地址、数据服务器地址。运行参数设置界面见图 4-24。

运行参数	值	运行参数	值
降功率使能	禁用	运行模式	就地
每组最大充电功率(kW)	250	控制回路类型	总正
每组最大放电功率(kW)	250	控制闭合方式	立刻闭合
每组最大充电电流(A)	100	组间压差(V)	20
每组最大放电电流(A)	100	保存周期(秒)	5
降功率比例(%)	50	蜂鸣器策略	禁用
运行状态确认时间(秒)	5		
运行状态恢复时间(秒)	0	对时服务地址	127.0.0.1:123
接触器断开确认时间(秒)	5	命令服务地址	127.0.0.1:6380
电池温升过快阈值(℃/分)	5	数据服务地址	127.0.0.1:6379
动力线温升过快阈值(℃/分)	5		

图 4-24　运行参数设置界面

其中【控制回路类型】设置包含【总正】【总正，总负】【预充】【无反馈】四个选项。

【运行状态确认时间】：例如，设置为 5，表示从判断到状态改变开始持续 5s 之后运行状态改变（例如故障）。

【运行状态恢复时间】：与【运行状态确认时间】相反的含义。

【接触器断开确认时间】：例如，设置为 5，表示从故障状态确认后开始，持续 5s 之后，接触器断开。

【电池温升过快】：1min 内温度升高多少度就告警。

【控制回路类型】：总正：只有总正接触器；总正总负：总正接触器，总负接触器；预充：有预充回路；无反馈：接触器没有反馈线。

【控制闭合方式】：立刻闭合，各个条件具备后就闭合。确认后闭合，各个条件具备后会有界面提示闭合确认，需要人工确认后闭合。

【组间压差】：限制值，组间压差超过这个值不会闭合接触器。

（8）BCMU 设置。

在〈参数设置〉界面上，点击 

按钮，进入〈系统设置〉界面后，点击 按钮进入〈BCMU 设置〉界面，BCMU 设置界面和参数编辑界面分别见图 4-25 和图 4-26。

BCMU 设置界面中，需要设置该电池组中的平台电压，

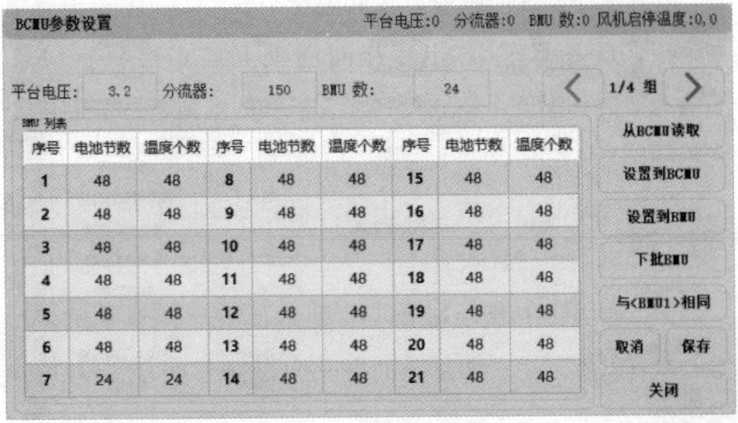

图 4-25　BCMU 设置界面

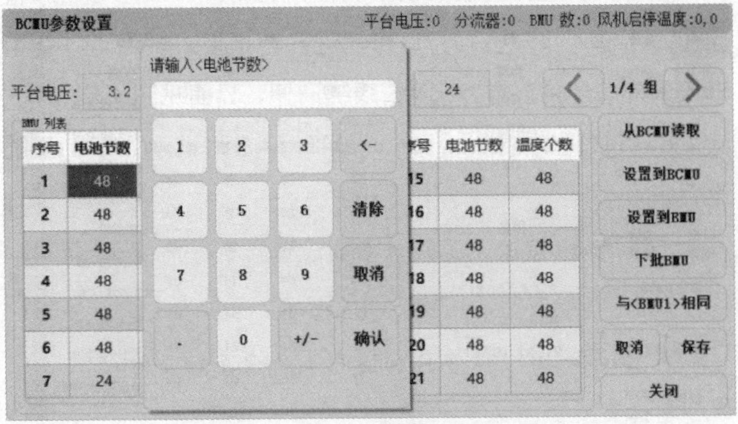

图 4-26　BCMU 参数编辑界面

分流器，BMU 个数，各个 BMU 的电池节数和温度个数。

在设置 BMU 的电池节数和温度个数时，只需要设置第一个后，点击【与〈BMU1 相同〉】即可将本组剩余 BMU 的电池节数和温度个数同第一个 BMU 的电池节数和温度个数相同。

设置完毕这些参数后点击【设置到 BCMU】即可。

其他电池组依此设置。

修改 BMU 个数并保存后，如果显示一张列表显示不完，会分列表显示，通过【下批 BMU】【上批 BMU】按钮来切换。

(9) BMS 设置。

在系统设置界面输入权限验证密码为：9999，可以编辑操作。当输入权限密码：1111，进入调试模式，除了具备编辑权限外，还可以进行 BMS 系统设置，界面见图 4-27。

BMS 设置包含两部分：BMS 系统调试和 BMS 系统设置。

点击

按钮，返回〈参数设置〉

双击 

按钮，切换到英文界面。

点击 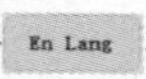

可以升级 BAMS 的程序和配置文件。

备注：

1）安装参数设置变化后，需要重启设备，方能生效。

2）系统设置参数的修改需要编辑权限，具体见设置页面。

3）重启设备、校准屏幕、断开接触器、闭合接触器、

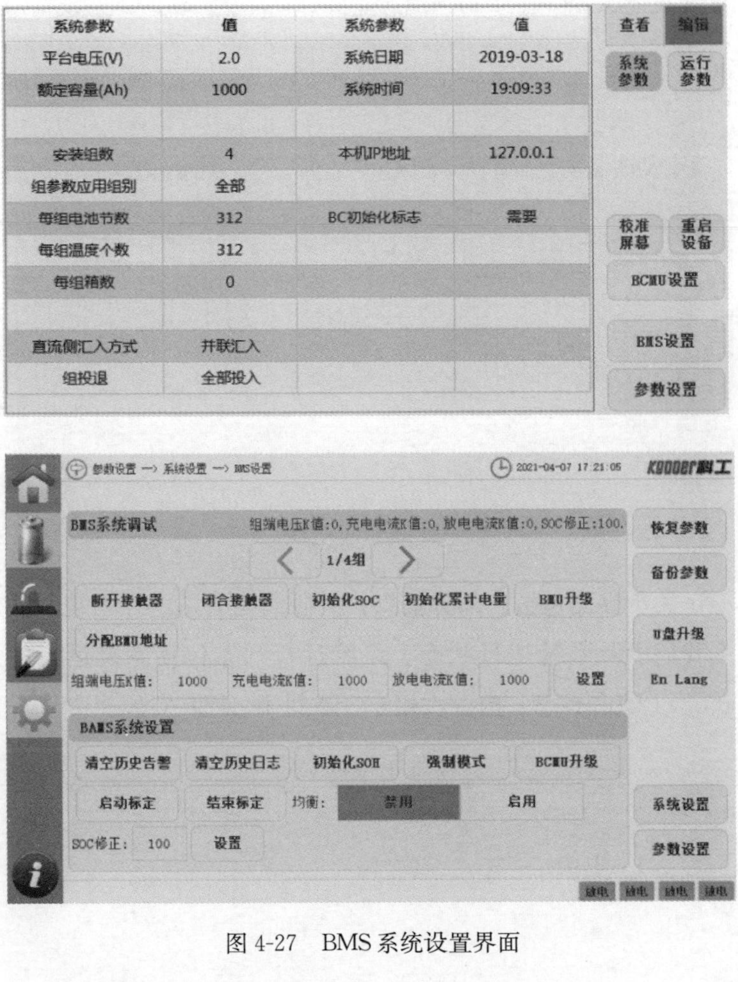

图 4-27　BMS 系统设置界面

初始化累计电量等操作需要二次确认才能执行。

（10）“关于”界面。点击导航栏的按钮，进入〈关于〉

界面见图 4-28。

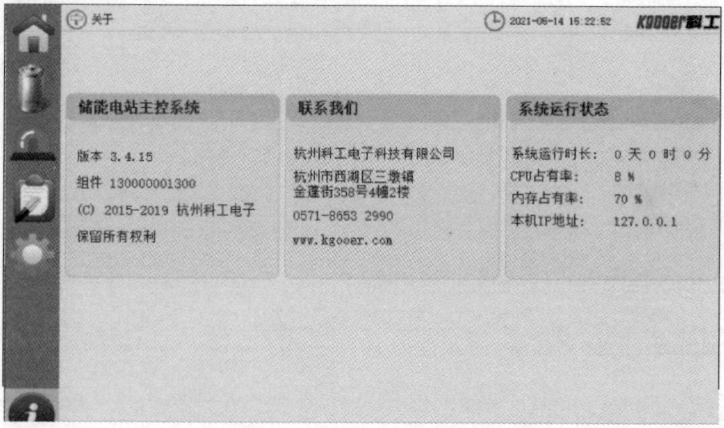

图 4-28　关于界面

关于界面包括三部分信息：科研储能电站主控系统、联系我们以及系统运行状态。系统运行状态包括系统运行时长、CPU 占有率、内存占用率、本机 IP 地址。

第五章

220kV 智慧能源站防人身措施

一、基本情况

1. 变压器起火主要原因

（1）变压器制造质量差、或长期过负荷运行时，内部线圈绝缘损坏，发生短路。

（2）接头连接不良，造成接触电阻过大，导致局部起火。

（3）铁芯绝缘损坏，温度升高，引起内部可燃物质燃烧。

（4）用电设备发生短路或过负载时，若遇上变压器保护装置失灵或定值整定不当，也会引起变压器过热。

（5）变压器遭受雷击，产生电弧或电火花引燃可燃物。

（6）动物跨接在变压器低压套管上，引起短路起火。

2. 人员重点防范措施

（1）设立临时火灾指挥机构，组长职责负责全面指挥灭火工作和上级汇报火情，组织、协调科研储能兼站用变灭火供电系统的恢复工作。成员职责：服从相应组长的正确指挥，全力以赴执行相应工作。

（2）确定现场火灾发生后，立即电话通知119消防人员赶来现场，准确地说出发生火灾的地点、火势状况、火灾性质和报警人姓名及联系方法。

（3）由现场负责人或现场发现人向管辖单位与调度单位汇报事故发生时间、地点、着火程度，由指挥机构根据编制的《220kV成家变电站消防应急预案》内容，在消防人员到来之前合理开展灾害处理。

（4）在未停电前，人员不得靠近着火变压器，应在远方操作切断着火变压器各侧断路器，隔离故障点。

（5）观察水喷淋系统是否正常启动，若未启动，按照《变电站水喷淋系统操作手册》中相关内容在后台进行手动启动。

（6）灾情不大时应根据现场条件，在保证安全前提下，不失时机地组织力量直接灭火，灭火后由组长指定专人监督2h，防止复燃发生。

（7）直接灭火无效后或现场烟雾较大无法控制时，确定各来电侧断路器已断开，并已电话与调度核实现场情况后，由组长指挥人员撤出事故地点并切断通往火灾区电源。

3. 人员重点防范措施

（1）存在倾倒的风险抽屉式断路器开关柜等重心偏高、偏前开关柜（本站具体为：交直流馈线、进线开关柜）在拉出或转移过程中应重点检查柜前地面平整无异物，如果绝缘垫可能阻碍手车移动、使其存在倾倒风险时，应在操作前将绝缘垫移除。手车行进路线上应无可能导致手车前倾或侧翻的沟盖板缝隙。提前对柜前破损地面、绝缘垫、沟盖板进行修补或更换。

（2）开关柜手车操作过程中应缓慢谨慎，严禁用力过猛。手车从带坡度的轨道滑下时，应由拉改推，控制好行进速度，设置辅助操作人员时，操作人员和辅助操作人员应尽量避免站在手车行进的正前方，并提前考虑好撤离路线，防止手车加速脱出撞伤人员。

（3）操作有导轨的开关柜前，应将导轨位置对正放置并检查导轨可靠闭锁，防止拉出过程中导轨发生移动。

（4）用摇把摇出小车前应认真检查机械联锁位置正确、转运断路器与开关柜紧密连接。

（5）机构调试验收前，应拉开科研储能电源，将机构科研储能压力释放，防止伤及人员。

（6）电动调整及远方传动操作时应确认作业人员与危险部位保持安全距离。

（7）在进入科研储能舱前，运维人员应在舱外将气体灭火装置切至“手动”位置后方可进入作业。

4. 巡视中易发生风险

（1）雷雨天巡视：

1）防避雷针落雷反击伤人呢，应穿绝缘靴并远离避雷针 5m；

2）防避雷器爆炸伤人，应戴安全帽，并且不得靠近避雷器检查动作值。

（2）夜间巡视：

1）夜间巡视能见度较低，应保证户外照明良好并两人同时巡视；

2）巡视时防地沟盖板缺少或高低不平导致踏空摔伤。

（3）雾天巡视：

1）防突发性设备雾闪，应穿绝缘靴巡视；

2）空气湿度大，绝缘水平降低容易放电，在室外布置安措或巡视时禁止扬手；

3）防止能见度低时误入非安全的带电区域。

（4）大风天巡视：

1）防止开合机构箱门失控夹伤手，开合箱门用力应适度；

2）防止设备防雨挡板、标识牌脱落伤人，应提前检查固定牢固。

（5）高温天巡视：

1）防止充油设备内部压力增大，油位升高喷油，提前注意油位曲线的变化；

2）防止液压机构压力异常升高，导致出现断路器不正常动作危及巡视人员人身安全。

（6）汛期：

1）防止巡视通道积水，导致无法看情路面情况跌落；

2）防止雨水冲刷墙体不稳，远离危险墙体。

（7）系统接地：

1）检查设备时应戴好安全帽，防止接地故障引起互感器爆炸伤人；

2）检查设备时应穿戴绝缘靴，并于接地点保持8、4m（室外、室内）的安全距离，防止接地点产生接地电压形成跨步电压伤人。

5. 防止高处坠落风险

（1）易发生高处坠落地点。

成家变电站采用室内两层结构布置，其中地上两层（二层为数据中心设备区、一层微网设备设备区、科研储能舱室等），地下一层（电缆夹层），巡视检修时容易发生高处坠落的风险。

（2）高处坠落风险防范措施。

1）高处作业前，应检查作业人员安全防护用品使用情况，确保人员掌握正确使用方法，在使用安全防坠装置前，需对防坠落装置进行安全检查，确保试验检测合格并在有效期内。

2）高处作业人员在攀登或转移作业位置时不得失去保护，高处作业人员上下时应通过爬梯攀登。

3）经常检查、妥善保管、损坏后及时更新安全防护用具。

4）百分百系好安全带，做到高挂低用。

二、防止有限空间内中毒窒息风险

1. 易发生有限空间安全事故地点

成家变科研储能舱为独立式封闭结构，存在密闭空间内工作中毒窒息的风险。

2. 有限空间风险防范措施

（1）提前预防：

1）必须严格实行作业审批制度，严禁擅自进入有限空间作业。

2）必须做到“先通风、再检测、后作业”，严禁通风、检测不合格作业。

3）必须配备个人防中毒窒息等防护装备，设置安全警示标识，严禁无防护监护措施作业。

4）必须对作业人员进行安全培训，严禁教育培训不合格上岗作业。

5）必须制定应急措施，现场配备应急装备，严禁盲目施救。

（2）事故发生后救援措施：

1）判断事故类型。有限空间作业监护人员、应急救援人员应结合作业现场气体检测结果，判断事故危害类型为中毒窒息类或其他类型，了解受困人员状态。

2）持续通风。打开有限空间人孔、手孔、料孔、风门、烟门等与外部相连通的部件进行自然通风，必要时使用机械通风设备向有限空间内输送清洁空气，直至事故救援行动结束。当有限空间内含有易燃易爆气体或粉尘时，应使用防爆型通风设备。

3）气体检测。采用气体检测设备设施，对有限空间内气体进行实时检测，掌握有限空间内气体组成及其浓度变化情况。

4）中毒、窒息的受困人员脱离有限空间后，应将中毒或窒息人员转移至安全、通风处，松开衣服。若受困人员呼吸停止，施行人工呼吸；心脏停止跳动时，施行胸外按压，促使自动恢复呼吸；尽快送往临近医院救治或拨打 120 急救电话。拨通救护电话后，要讲清“三要素”：讲清危重病人所在地的详细地址；讲清灾害性质、受伤人数、伤害原因，说明中毒或窒息原因，便于医院做好应急抢救准备；讲清报警人的姓名和电话号码。医疗部门电话打完后，应安排人员到路口迎候救护车。护送前及护送途中要注意受困人员防止休克。搬运时动作要轻柔，行动要平稳，以尽量减少伤员痛苦。

第六章

220kV 智慧能源站消防系统

一、一般管理人员的操作

1. 开机、关机和自检

当调试工作完成后，用户就可以按以下顺序进行开机操作：

（1）置 GST-QKP01 检修开关于检修位；

（2）打开 GST-QKP01 主电开关；

（3）打开 GST-QKP01 备电开关。

完成以上操作后，GST-QKP01 上电进入自动检查状态：指示灯全部点亮，液晶逐行显示，蜂鸣器发出报警音。自检完毕后，GST-QKP01 面板上的“主电工作”“检修”指示灯点亮，工作状态指示灯“自动”或“手动”灯点亮，液晶提示图见 6-1 所示界面。

（4）置 GST-QKP01 检修开关于正常位。

完成上述操作后，GST-QKP01 面板“检修”指示灯熄灭，开机过程结束，GST-QKP01 进入正常监视状态。正常监视界面见图 6-1。

关机过程按照与开机时相反的顺序关掉各开关即可。要

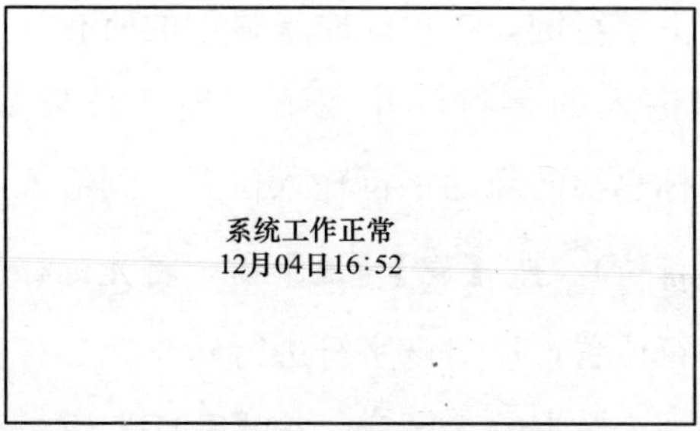

图 6-1　正常监视界面

注意备电开关一定要关闭，否则长时间放电会导致电池过度放电而损坏。

2. 键盘操作说明

GST-QKP01 的键盘分命令功能键和字符功能键。

【0/菜单】为双功能键，左部标识为字符功能，右部标识为命令功能。命令功能，只在监视状态下起作用；字符功能，只在进入菜单后，进行数据输入时才使用。

【消音】【复位】【警报器消音/启动】【确认】【取消】【▼】【▲】【TAB】为命令功能键。

数字 1～9 为字符功能键。

3. 数据输入的一般方法

在开始输入字符时，屏幕上会反白提示数据输入区域，按【确认】键或【TAB】键，系统将默认反白提示数据为输入数据。按下字符键，提示区原来显示的所有字符消失，显示的为刚刚键入的字符，并在下一输入位置显示提示光标（提示光标总指向新的字符输入位置，到输入区尾后自动指向输入区首位）。按【▼】【▲】键，将光标移至输入区的任何一个字符位置，可对该字符进行修改。

编辑完一个数据输入区后，按【TAB】键，系统将反白提示下一个数据输入区。当位于最后一个数据输入区时，按【TAB】键将返回到第一个数据输入区。不论光标位置在何处，按下【确认】键，都将所有屏幕上显示的字符存储。

在进行数据输入时，如果停止键盘输入，3min 后系统将自动退出当前的数据输入状态，并且不存储当前的输入。

4. 信息查看操作的方法

（1）定义。

事件信息：将火警、故障、动作、延时、启动喷洒、反馈等信息统称为事件信息。焦点屏幕：查看事件信息时，事件信息类型为反白状态的信息屏幕被称为焦点屏幕。焦点信息：焦点屏幕的当前信息被称为焦点信息。

（2）操作方法。

信息查看主要包括事件信息、系统检查两种情况，其基本方法如下：

1）查看事件信息时，分屏状态下按【TAB】键可切换焦点屏幕，通过按【▼】【▲】键可逐条查看焦点屏幕的各条信息；

2）进入系统检查时，可通过按【TAB】键进行翻屏查看或选择按下相应选项的数字键查看运行记录、外围设备、系统设置、联动方式。

3）运行记录检查时，可通过选择按下相应选项的数字键进入相关选项，通过按【▼】【▲】键可逐条查看各条信息。

4）外围设备检查时，可通过按【TAB】键进行翻屏查看或按【▼】【▲】键逐条查看。

注意：在正常监视状态下进行操作时，【取消】键可使液晶屏幕返回到该屏幕的上一级屏幕，直至返回到正常监视状态。

（3）键盘解锁和锁键盘。

GST-QKP01开机默认为“锁键”状态，若进行功能键（除【0/菜单】【TAB】【消音】【▼】【▲】键外）操作或选择相关功能选项（除“系统检查”选项），液晶屏显示一个要求输入密码的界面，此时输入正确的密码并按下【确认】键，才可继续操作，同时完成键盘解锁。GST-QKP01解锁后约3min不操作键盘或GST-QKP01复位后，自动进入锁键状态。锁键界面见图6-2。

图 6-2 锁键界面

二、火警处理

当发生火警时，首先将本灭火防区转为“手动”状态，再按“消音”键中止警报声，并停动现场火灾声光警报器。然后应根据控制器的报警信息检查发生火警的部位，确认是否有火灾发生；若确认有火灾发生，应根据火情采取相应措施。

（1）启动本灭火防区的火灾声光警报器发出火警声光提示，通知现场人员撤离；待现场人员撤离完毕，启动本防区的气体喷洒进行灭火。

（2）拨打消防报警电话报警。

（3）若为误报警，应采取如下措施：检查误报火警部位是否灰尘过大、温度过高，确认是否是由于人为或其他因素造成误报警。

（4）按“复位”键使控制器恢复正常状态，观察是否还会误报；如果仍然发生误报可将其摘除，并尽快通知安装单位或厂家进行维修。

三、气体喷洒启动/紧急停动处理

当确认发生火警时，可通过以下方式手动启动方式快速启动气体喷洒进行灭火。

（1）GST-QKP01 操作方法：打开面板上的黄色塑料保护盖，击碎红色“启动”按钮上的有机玻璃防护罩，持续按下红色“启动”按钮，至 GST-QKP01 本机发出急促的报警音后释放按钮，按照液晶屏提示信息，及时按下面板“确认”按键，GST-QKP01 进入延时启动喷洒阶段。

（2）现场紧急启停按钮操作方法：击碎紧急启停按钮的防护玻璃板，持续按下红色“按下喷洒”按钮，待按钮旁边的红色指示灯点亮后 GST-QKP01 进入延时启动状态。

（3）消防联动控制器操作方法：确认 GST-QKP01 处于“自动”状态，启动消防联动控制器的启动功能，启动对象为 GST-QKP01 的二次码和“36”类型码共 8 位数字，启动命令发出有效后，GST-QKP01 将进入延时启动状态。

（4）如果火势严重，需要立即启动气体喷洒，可立即启动气体喷洒。

（5）再次按下面板“确认”按键。

（6）按照液晶屏提示信息，按下数字键“2”选择“立即启动”后将立即启动气体喷洒。

（7）当GST-QKP01处于延时启动阶段时，如果确认火警已经解除，不需要再进行气体喷洒灭火，可紧急停动。GST-QKP01操作方法：打开面板上的黄色塑料保护盖，击碎绿色“停动”按钮上的有机玻璃防护罩，持续按下绿色“停动”按钮至GST-QKP01退出延时启动状态。

（8）现场紧急启停按钮操作方法：击碎紧急启停按钮的防护玻璃板，持续按下黄色“停止”。

（9）按钮至GST-QKP01退出延时启动状态；

（10）消防联动控制器操作方法：启动消防联动控制器的停动功能，停动对象为GST-QKP01的二次码和“36”类型码共8位数字，停动命令发出有效后，GST-QKP01将退出延时启动状态。

四、故障与异常处理

（1）当发生故障时，首先应按“消音”键中止警报声。然后应根据GST-QKP01的故障信息检查发生故障的部位，确认是否有故障发生；若确认有故障发生，应根据情况采取相应措施。

（2）当报主电故障时，应确认是否发生主电停电，否则检查主电源的接线、熔断器是否发生断路。

（3）当报备电故障时，应检查备用电池的连接器及接线；当备用电池连续工作时间超过 24h 后，也可能因电压过低而报备电故障。

（4）若为现场设备故障，应及时维修，若因特殊原因不能及时排除的故障，应将其摘除，待故障排除后再重新接入系统。

（5）当发生故障原因不明或无法恢复时，请尽快通知安装单位或厂家进行维修。

（6）若系统发生异常的声音、光指示、气味等情况时，应立即关闭电源，并尽快通知安装单位或厂家。